Discovery Education 探索·科学百科(中阶)

4级B1 地球上的海洋

全国优秀出版社
全国百佳图书出版单位　广东教育出版社　学乐

目录 Contents

五大洋

卫星照片显示地球几乎是一个蓝色的星球，超过70%的地球表面被水覆盖，这些水大部分存在于海洋中。地球上有五大洋，但是由于它们之间没有物理界限，这五大洋相接并融合成一个大洋。国际水文组织规定了每个大洋的范围。

太平洋是最大的大洋，它覆盖了三分之一的地球表面。环绕南极洲的南冰洋2000年才被正式确认，面积是太平洋的八分之一。

大洲和大洋

主要的大洋是以大洲划界的。太平洋从美州西岸延伸到亚洲和大洋洲；大西洋的范围是从美洲东岸到欧洲和非洲；印度洋是从非洲东岸到亚洲和大洋洲。

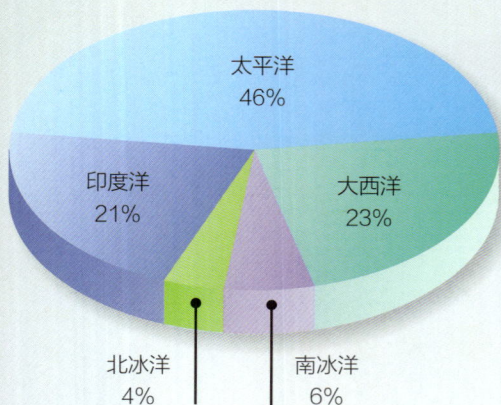

太平洋
46%

印度洋
21%

大西洋
23%

北冰洋
4%

南冰洋
6%

海洋面积

最大的三个大洋——太平洋、大西洋和印度洋——占全球海洋总面积的90%。

北美洲

太平洋

南美洲

海洋深度

　　大洋底部并不是平的，因而人们用两种标准来表示大洋的深度。分别是最大深度（较长的柱子）和平均深度（较短的柱子）。南冰洋的平均深度是最深的，而太平洋中靠近关岛的"挑战者深渊"（即马里亚纳海沟）是地球海洋的最深点。

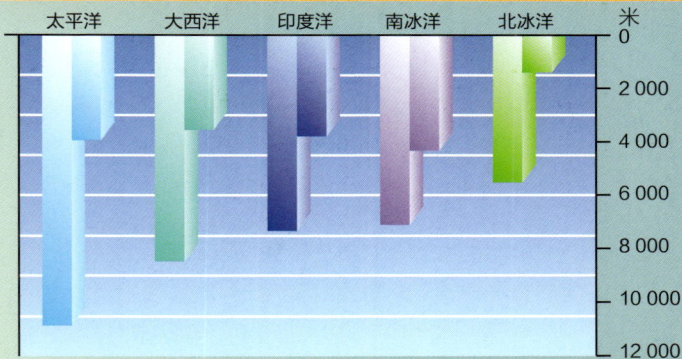

太平洋	大西洋	印度洋	南冰洋	北冰洋	米
					0
					2 000
					4 000
					6 000
					8 000
					10 000
					12 000

大洋靠近陆地的区域被称为"海"。例如，印度洋在非洲和阿拉伯半岛之间的部分就是众所周知的红海。

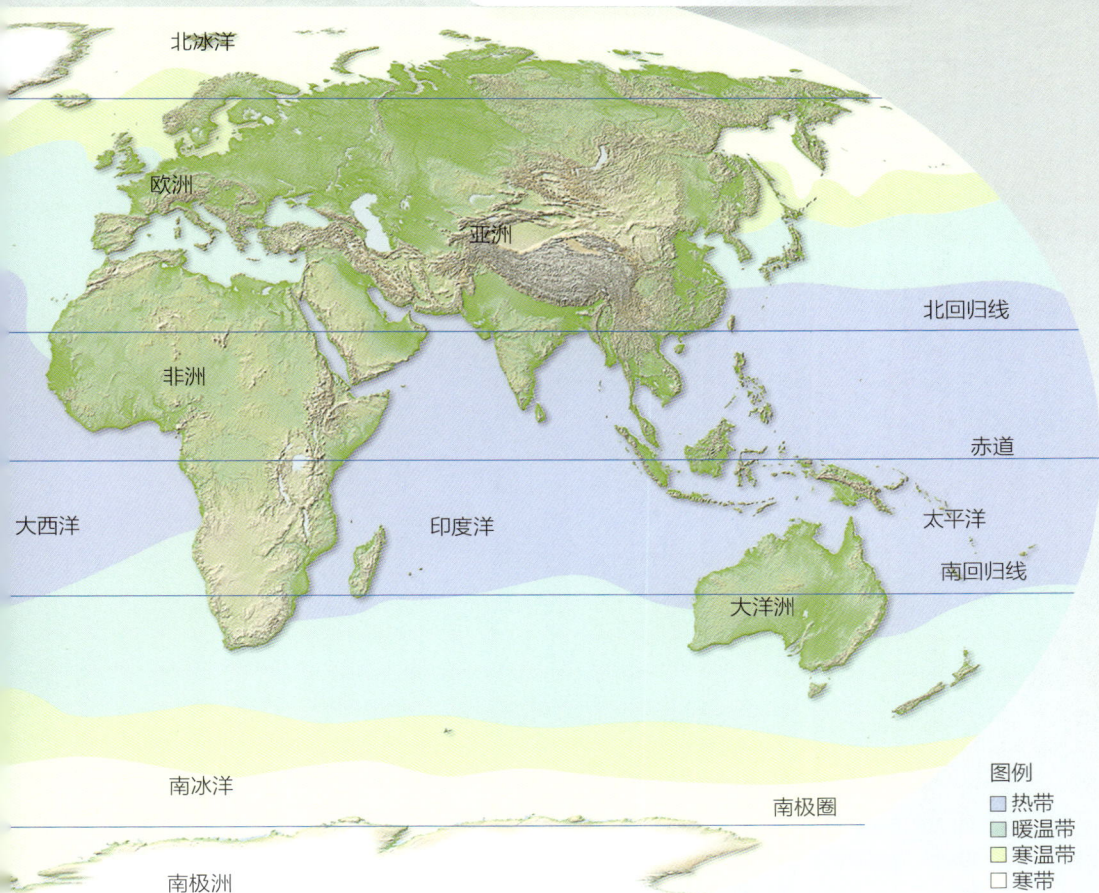

北冰洋

欧洲

亚洲

非洲

北回归线

赤道

太平洋

南回归线

印度洋

大西洋

大洋洲

南冰洋

南极圈

南极洲

图例
- 热带
- 暖温带
- 寒温带
- 寒带

潮汐、洋流和海浪

潮汐、洋流和海浪不停的运动使海洋永不停歇。在太阳和月亮对地球的万有引力的作用下，海洋产生潮汐运动，因为其日复一日地发生，所以是可预测的。

大多数发生在海面的波浪，是由风引起的。然而在海水内部也有振幅较大、运动较慢的波浪。风是产生洋流的原动力，世界洋流主要由五大环流构成。

海浪破碎

海浪的底部打击海底，被夷平，继而变慢，波峰破碎。

太阳、月亮和潮汐

当太阳、月亮和地球在同一直线上时，万有引力对海洋的作用最强，这时会产生大潮。当太阳和月亮的夹角是 90° 时，万有引力的作用较弱，这时会产生小潮。

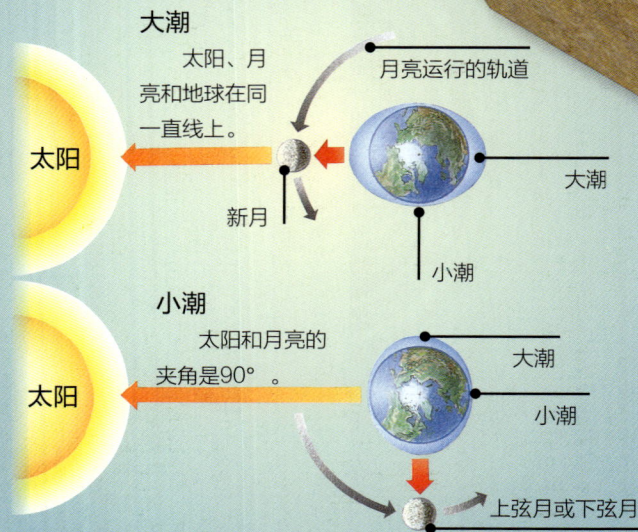

大潮

太阳、月亮和地球在同一直线上。

月亮运行的轨道

太阳

新月

大潮

小潮

小潮

太阳和月亮的夹角是90°。

太阳

大潮

小潮

上弦月或下弦月

风和海浪

海浪是由风吹过海洋表面而产生的。海浪的大小是由风的强弱以及风吹过的距离长短决定的。

海浪动力学

　　组成海浪的一颗颗小水滴被称为水质点，它们向上运动，越过最高点，向下运动，回到起点，就像自由泳中手臂的运动。

波峰

波谷

波长

　　波长就是从一个波峰（或波谷）到相邻波峰（或波谷）的距离。

波高

　　海浪的波高或者振幅，是指海浪波峰和邻近的波谷的高度差。

科氏力效应

风

重力

科氏力（地转偏向力）效应

　　重力使空气在高压和低压区域之间运动。地球自转使北半球的空气运动偏向右侧，使南半球的空气运动偏向左侧。

温暖和寒冷

海洋表面的温度从 20℃到 0℃以下不等。最温暖的热带水域中生存着多种多样的动植物，到了冬季，还会有许多动物迁徙至此。南北半球的温带水域是由三个大洋呈带状的热带水域分开的。北冰洋有永久性的冰层，而南冰洋只有在冬季会结冰。

墨西哥湾流

大西洋上的重要洋流，能够使温暖的海水（此处橙色和黄色标示）从热带地区流向温带地区，进而影响海洋表面的温度。

不同的栖息地

从冰冷的两极水域到温暖的热带水域，每一种海洋动物都能找到适宜的海洋栖息地。有的动物夏天生活在一个水域，冬天就会迁徙到另一个更温暖的地方。

结冰

破冰船正是为两极的海洋设计的。广阔的船体使它在波涛汹涌的海洋中保持平衡，用加厚的钢板制造的船首则能将其前面的冰击碎。

许多动物非常适应冰层生活，北冰洋的北极熊能从一块浮冰上跳到另一块浮冰上，南冰洋的企鹅能鼓起肚皮在冰面上滑行。

一艘破冰船破冰行驶

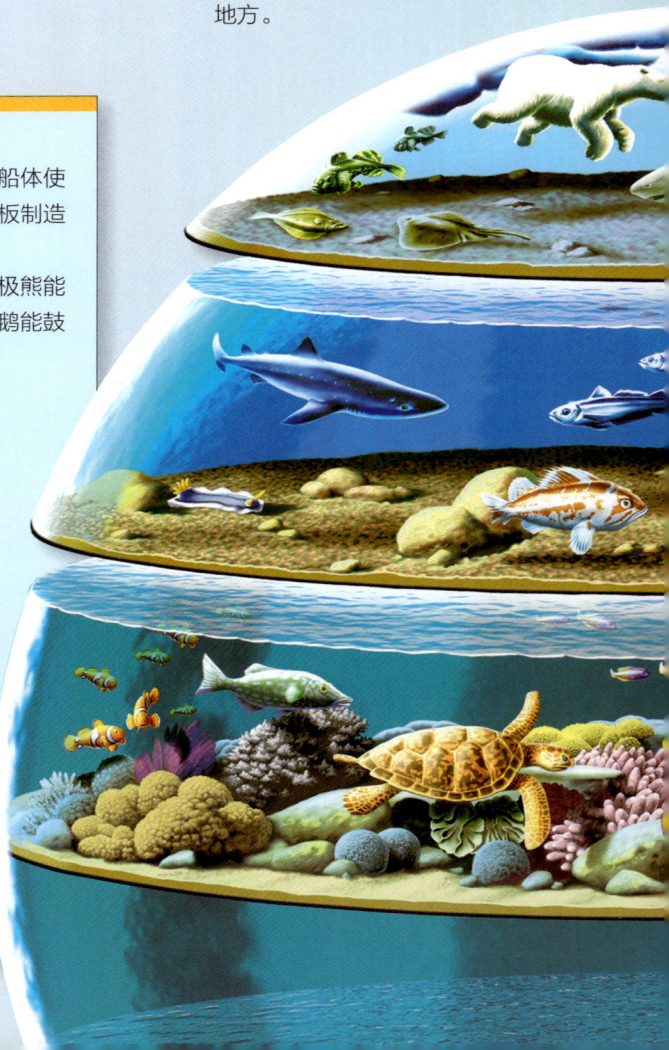

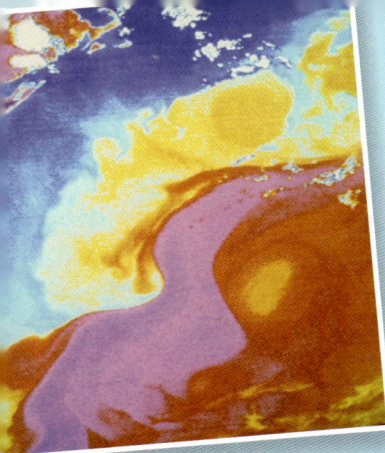

温度区间

以下列举的都是海洋接受太阳直射的最上方表层的温度。较深层的海水温度要低一些。

图例
- 🟩 热带：高于20℃
- 🟦 温带：在5~20℃之间
- ⬜ 极地：低于5℃

极地海域

在北极的夏季，鱼类和哺乳动物以浮游生物和磷虾为食。到了冬季，只有血液中含"抗冻"化学物质的鱼类才能在北极海水中生存。

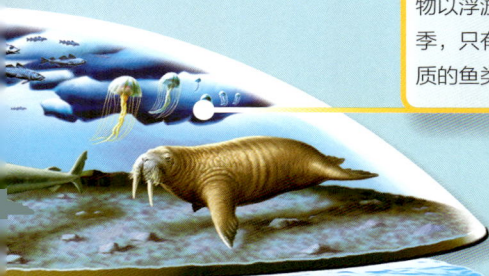

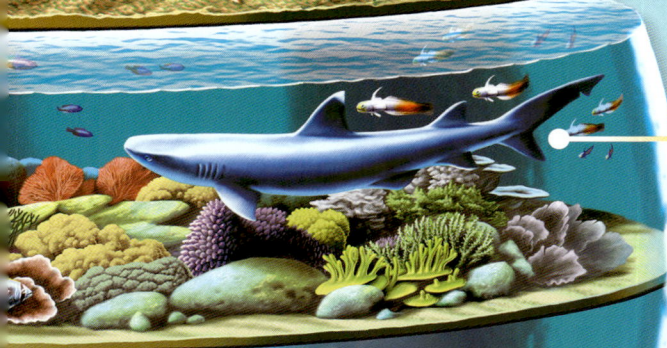

温带海域

我们食用的大部分鱼类都来自太平洋和大西洋的温带海域。

热带海域

海洋中的珊瑚礁就像陆地上的热带雨林，比其他的海洋栖息地拥有更加丰富的生物多样性。

长途迁徙

夏季和冬季

座头鲸是马拉松式的游泳健将。夏季，它们在寒冷的水域捕食成群的小鱼和磷虾。到了冬季，它们会迁徙到温带或热带海域繁衍后代。

对食物和繁衍的需要驱使海洋动物进行季节性的长途迁徙。动物的迁徙会沿着它们自己种群的路线进行，而不会与其他种群的路线重叠，它们每年都会沿着固定的路线迁徙。

动物是如何知道它们的路线的呢？鸟类通过太阳来导向，而鲸会借助地球磁场。其他迁徙的物种会利用气味和声音来"识别"正确的路线。

北美洲　　　欧洲　亚洲

南美洲　　非洲

大洋洲

南极洲

夏季，北极燕鸥在北极筑巢、繁衍。

北极燕鸥的翼展长度在74~78厘米之间。

最长的迁徙

北极燕鸥是鸟类迁徙纪录的保持者。它们成群结队地从北极飞到南极，全程20 000千米，6个月后它们又返回北极。大多数迁徙鸟类会在途中停下来捕食和睡觉，但北极燕鸥很少这样做。

它们在移动中捕食。

座头鲸会发出独特而持续的声音，这种声音被称为"歌"。歌曲会随季节变化。

座头鲸

对座头鲸妈妈来说，迁徙的压力重重。她不但要继续给刚刚出生的小宝宝哺乳，并且在迁徙的途中很少有合适的食物，所以她在到达觅食地前会变瘦。

卫星发射器被安装在龟壳上。

海龟跟踪

在卫星跟踪系统的帮助下，我们知道了红海龟的幼龟在南北美洲之间的马尾藻海度过出生后的第一年，然后借助墨西哥湾流迁徙到亚速尔群岛和欧洲。

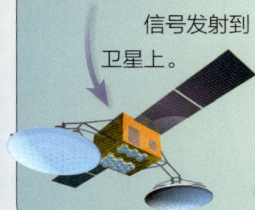

信号发射到卫星上。

数据发射到跟踪站。

电脑接收到信号。

科学家监控数据。

从阳光到黑暗

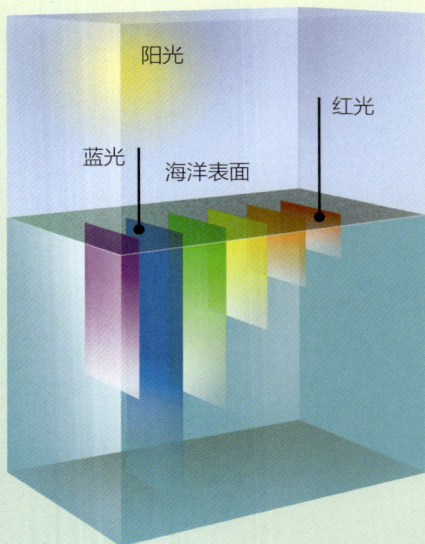

大洋的深处是一幅迷人的景象，有高山、低谷和深深的沟壑。按照接收阳光的多少，可以将海水从海床至海面水平分层。海洋顶层 2% 的透光带是种群最丰富的区域。这一区域能被太阳光穿透，能够发生光合作用，植物在此生长。

微型藻类，也就是浮游植物，为浮游动物以及食物链上方所有更大的海洋物种提供食物。即便在没有阳光的无光带和深渊带，也有生命存在，它们有些长得非常奇怪。

光谱

阳光由七种色光组成，每种色光都有不同的波长。绿光和蓝光射入水下最深。只有蓝光能到达透光带的底部或更深处。在微光带以下，就只有一片黑暗了。

深渊带

无光带的下面是深渊带，这里生活着吞噬鳗、海蜘蛛、盲虾和管虫。除了在营养丰富的"黑烟囱"（深海热泉）附近，这一区域的大部分地方仅有的食物是从上层区域落下的。

深海热泉

海底景观

如果将海洋的水排干，山脉、山谷、斜坡、峡谷、沟壑，以及平原等景观将会呈现出来。

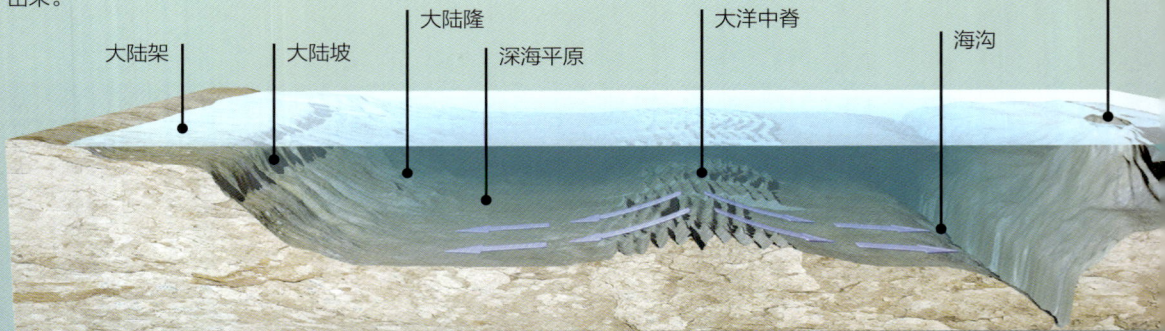

大陆架　大陆坡　大陆隆　深海平原　大洋中脊　海沟　火山岛

无光带

这一区域中的大嘴巴、尖牙齿的鱼类都比较小，因为食物太少了。

微光带

这一区域的光线非常有限，但有些鱼类可以发出生物荧光。

透光带

在这一植物丰富的区域中生活的物种比另外两个区域的总和还要多。

海脊

海洋分层

海洋在水平方向主要分为三层：从海面至以下200米是透光带；200~900米之间是微光带；无光带在900米以下。

装在桶里的海水是无色的，但海洋看起来却是蓝色。这是因为红、橙、黄光都被吸收了，我们只能看到散射出来的蓝光。

海岸

海洋与大陆相接的地方有着各式各样的海岸环境：沙滩或岩石海岸、盐沼、红树林、海草场以及河口。沙滩海岸是最常见的，世界上三分之一的无冰海岸线都是沙滩海岸。沙滩海岸的最大问题是侵蚀和开发，两者都会对海洋生物产生影响。

岩石海岸提供的岩石裂缝和潮水坑都是合适的栖息地，但大风暴能将这些地方掀翻，使岩石下面的动物暴露在捕食者面前，甚至被风干。

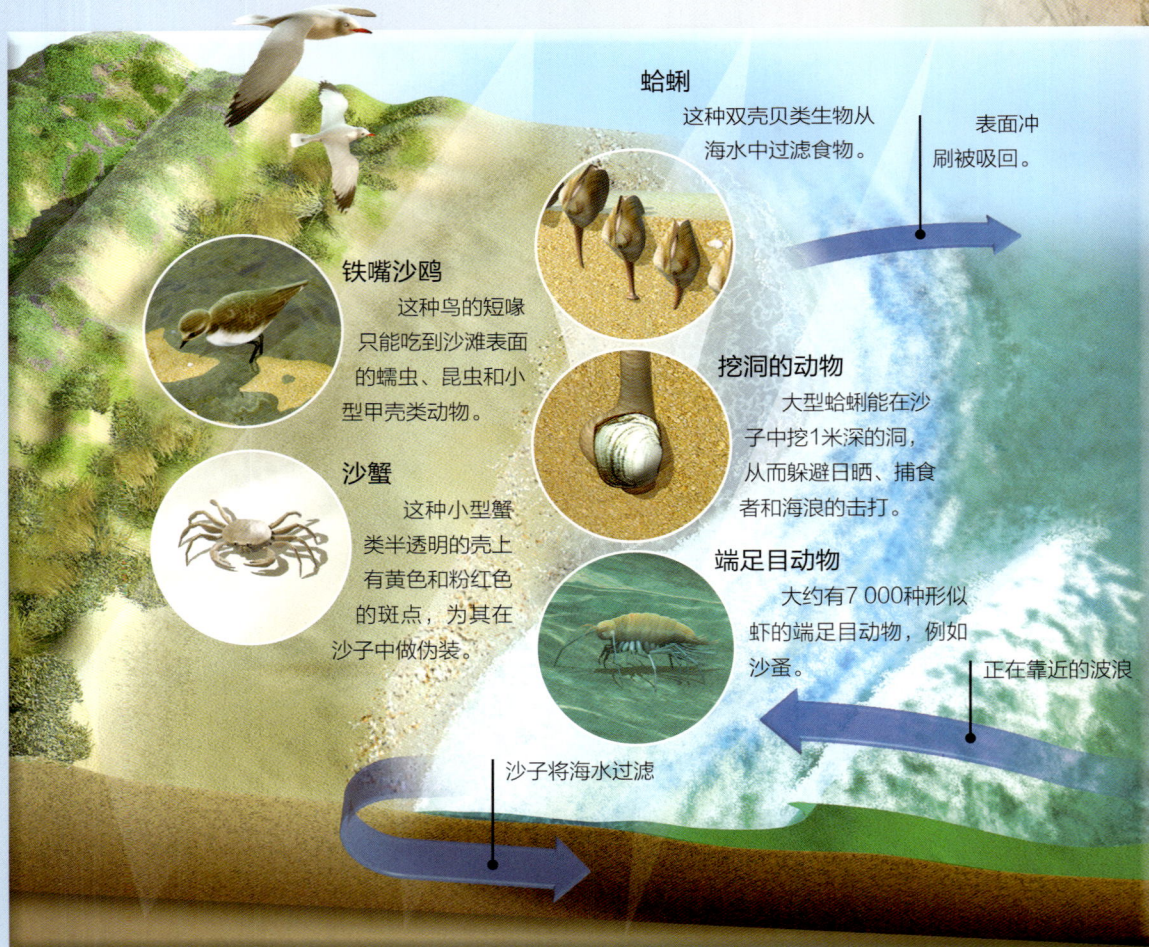

沙滩海岸

被海浪不停拍打而漂移不定的流沙，以及稀缺的植被使沙滩海岸成为环境恶劣的生物栖息地。这里生活的动物都是挖洞能手，它们的主要食物有被冲刷上岸的海藻、浮游植物和死去的水母。

蛤蜊

这种双壳贝类生物从海水中过滤食物。

表面冲刷被吸回。

铁嘴沙鸥

这种鸟的短喙只能吃到沙滩表面的蠕虫、昆虫和小型甲壳类动物。

沙蟹

这种小型蟹类半透明的壳上有黄色和粉红色的斑点，为其在沙子中做伪装。

挖洞的动物

大型蛤蜊能在沙子中挖1米深的洞，从而躲避日晒、捕食者和海浪的击打。

端足目动物

大约有7 000种形似虾的端足目动物，例如沙蚤。

正在靠近的波浪

沙子将海水过滤

岩石海岸

在海水表层中，帽贝等固定在岩石表面的动物和柔软的植物能够承受海浪的冲刷。在较深的水域中海浪变弱，这里的海洋生物较少暴露在干燥的空气中。

1 藤壶
2 帽贝
3 石鳖
4 鲇鱼
5 海蛞蝓
6 贻贝
7 杜父鱼
8 海葵
9 海星
10 海胆
11 寄居蟹
12 蟹

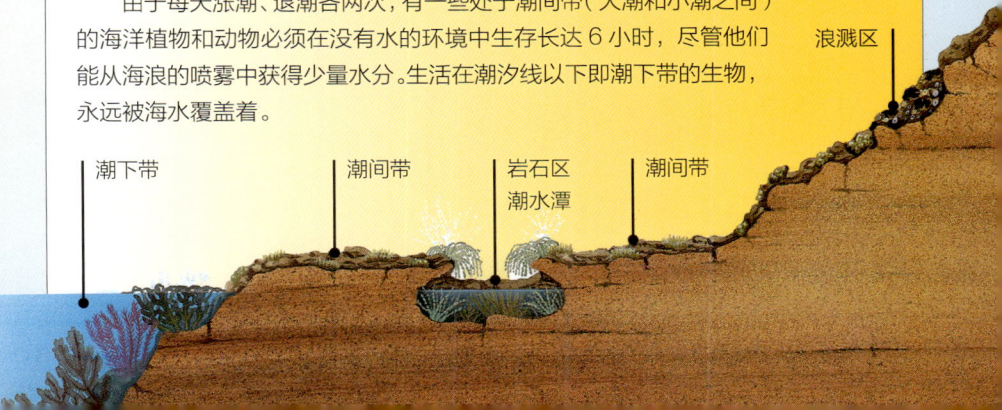

潮汐

由于每天涨潮、退潮各两次，有一些处于潮间带（大潮和小潮之间）的海洋植物和动物必须在没有水的环境中生存长达 6 小时，尽管他们能从海浪的喷雾中获得少量水分。生活在潮汐线以下即潮下带的生物，永远被海水覆盖着。

浪溅区

潮下带　　　　潮间带　　　岩石区　　潮间带
　　　　　　　　　　　　　潮水潭

1 海兔
2 巨藻
3 虎鲸
4 海獭
5 海金鱼
6 巨石斑鱼
7 海胆
8 条纹海带鱼
9 加利福尼亚梭鱼
10 云纹石斑鱼

巨藻一天能长 60 厘米，是世界上生长最快的植物。

浅水域

在温度适宜的浅水区域，大型褐藻用根状的附着器抓住岩石礁来固定自己。当长到 50 米长时，大型褐藻会像树一样通过光合作用获取养分，就像森林一样形成浓密的树冠层。

珊瑚礁都生长在深度为 10 米的热带浅水水域。它们由微小的珊瑚虫分泌的石灰质物质构建而成，是地球上最大的有生命的组织。需要太阳光进行光合作用的微型藻，生长在珊瑚虫的组织里，使珊瑚呈现鲜艳的颜色。

珊瑚礁

珊瑚虫分泌石灰质构成外骨骼。随着珊瑚虫的生长，其芽体脱落形成的新珊瑚虫仍然粘附在上面，珊瑚虫一群群地聚居起来，不断地分泌出石灰质并粘合在一起。时间久了，珊瑚群落会长成巨大的珊瑚礁。珊瑚礁为很多海洋生物提供食物和藏身之处。

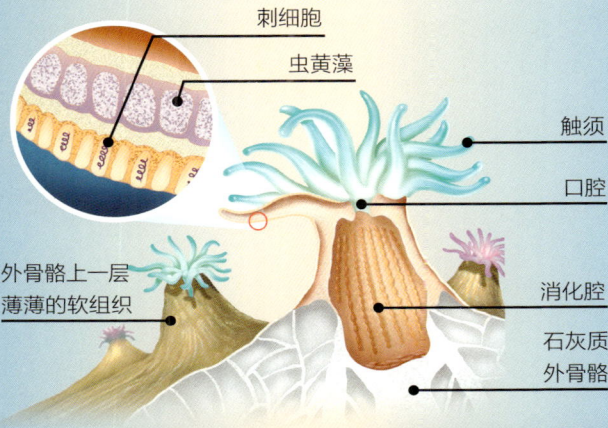

海藻林

一些大型海藻有长而直的主干，或称藻体，在藻体顶端生长新的叶状体。而另外一些种类，例如巨藻，新的叶状体可在藻体任意位置生长。大型海藻以及浮游生物为鱼类提供食物，而鱼类又为更大型的捕食者提供食物。

两种营养来源

珊瑚坚硬的外骨骼上会长出触须，当有食物接触到触须时，触须会迅速弯曲，把食物送到口中，继而进入消化腔，在消化腔中通过酶的作用来进行消化。能进行光合作用的藻类，人们称之为虫黄藻。它们生长在珊瑚虫的组织里，也能提供养料。

刺细胞

虫黄藻

触须

口腔

外骨骼上一层薄薄的软组织

消化腔

石灰质外骨骼

压力和黑暗

生活在透光带以下的海洋动物须适应深海的压力和黑暗。有些物种，例如灯笼鱼和深海鮟鱇鱼，都有发光器官。深海三脚鱼用它长长的鳍和尾巴"站立"在海底。蓝鳕有特殊的听力，鼠尾鳕鱼有很强的嗅觉。

灯笼鱼

鼠尾鳕鱼

深海鮟鱇鱼

深海三脚鱼

蓝鳕

表面或底部

海洋物种栖息在不同的海洋层中。生活在最上层透光带的物种，被称为上层物种；生活在海底或接近海底的物种被称为底栖物种。

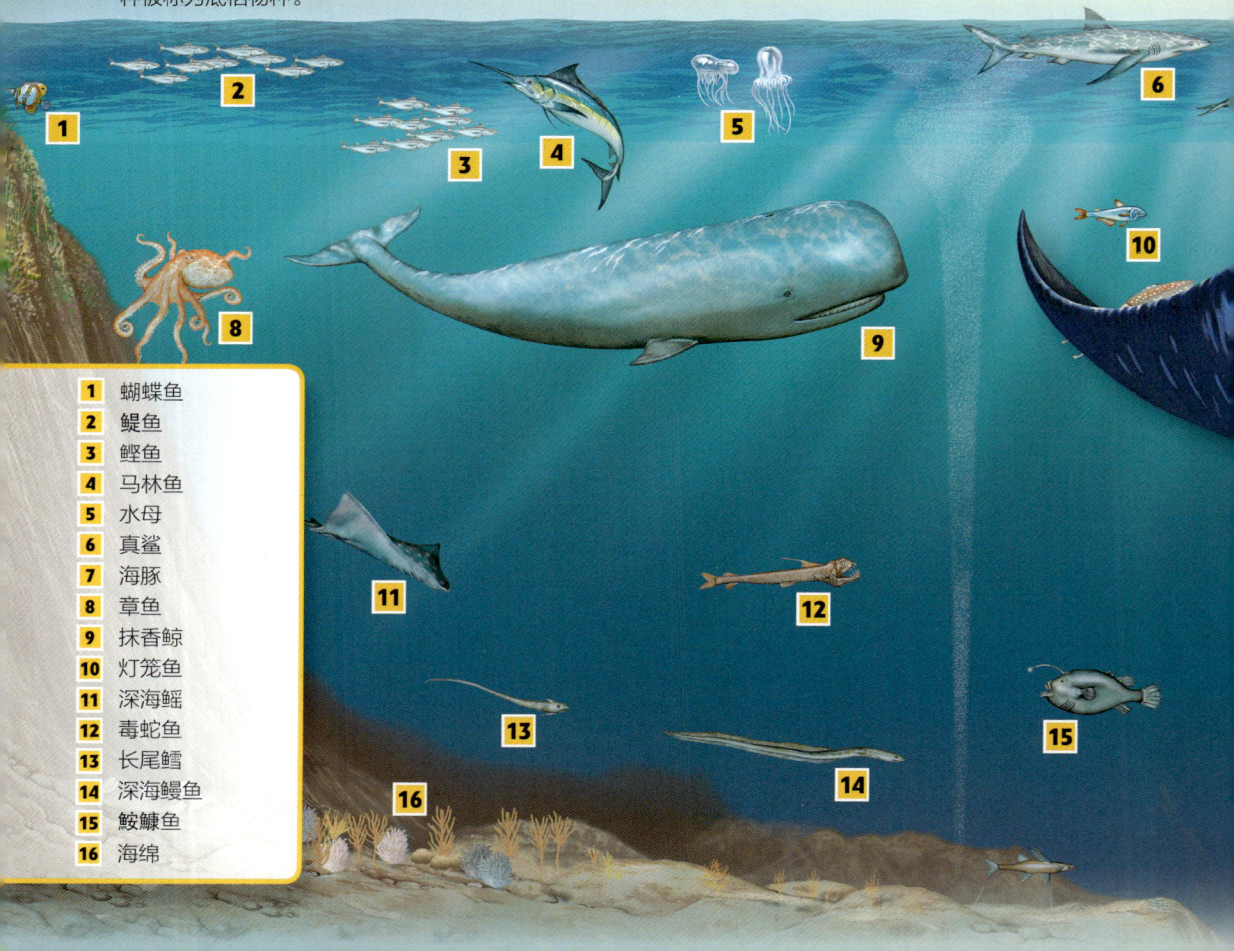

1 蝴蝶鱼
2 鳀鱼
3 鲣鱼
4 马林鱼
5 水母
6 真鲨
7 海豚
8 章鱼
9 抹香鲸
10 灯笼鱼
11 深海鳐
12 毒蛇鱼
13 长尾鳕
14 深海鳗鱼
15 鮟鱇鱼
16 海绵

广阔的海洋

海 岸和浅水海域之外就是广阔的海洋。生活在这个区域的水生动物被称为海洋物种。所有这些物种的食物链依赖于浮游植物和浮游动物。浮游植物是漂浮于海洋表面的单细胞藻类，而浮游动物则是十分微型的动物类生物。

例如鳀鱼、水母和灯笼鱼等小型物种以浮游生物为食，而它们又会被鲨鱼或海豚等更大型的鱼类吃掉。有些物种以死去的生物为食，因而被称为"海洋的清道夫"，其中就包括深海鳗鱼和鼠尾鳕鱼。

7

鬼蝠魟（hóng）

这种生物仅靠吞食漂流的浮游生物就能长到7米。位于体前的两鳍将食物直接聚拢到口中，后鳍和胸鳍用于游泳。

深海热泉

深海热泉从海床裂缝中喷涌而出。过热的物质向上喷出，常常形成像烟囱一样的"烟口"，从这里向海中排出富含硫磺的水。巨型管虫会将硫磺转化成营养物质。

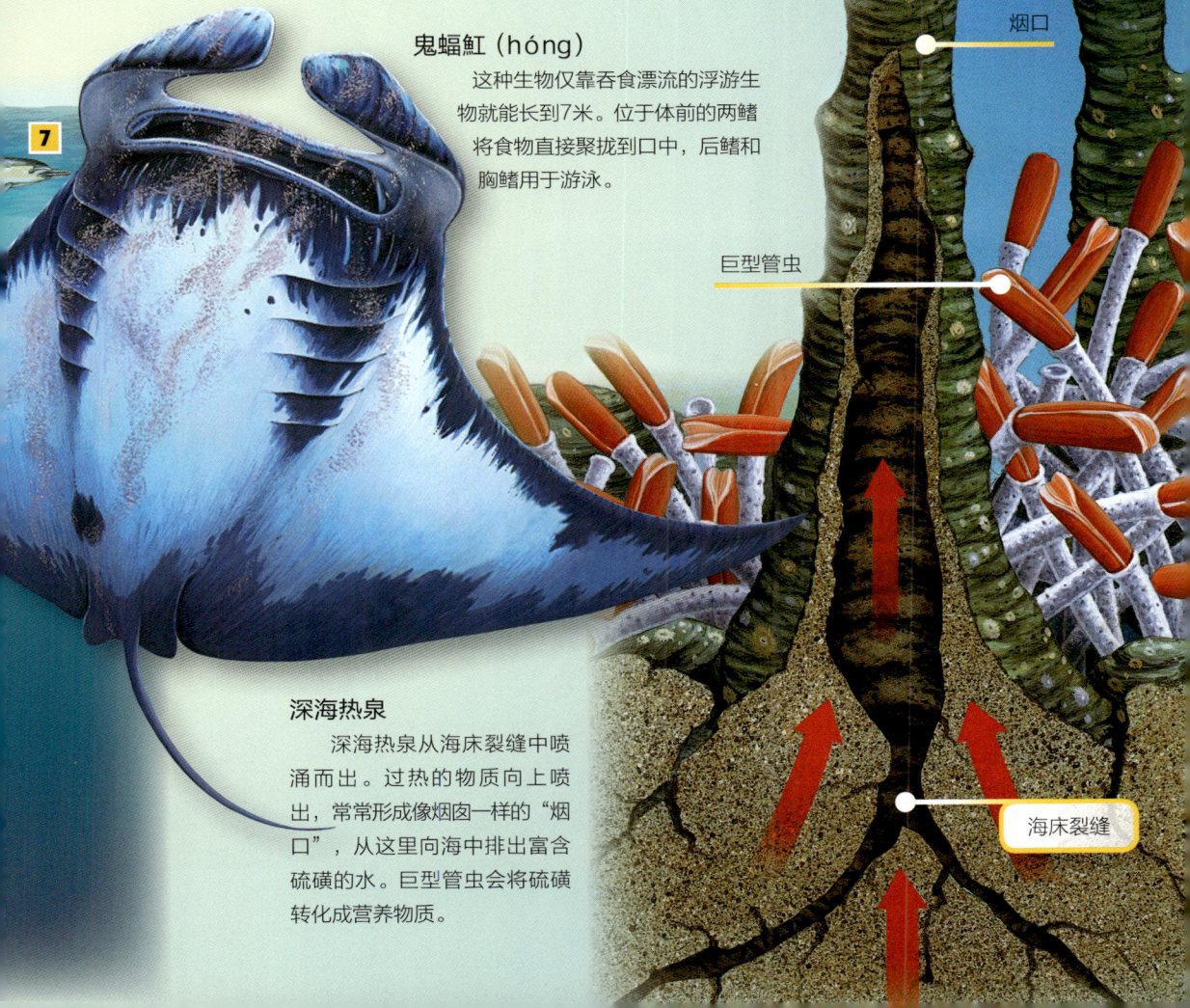

烟口

巨型管虫

海床裂缝

探索

声纳装置通过发出声音脉冲并接收回声来探测远处的物体。

直到近 50 年，海洋学家们才拥有了探索海洋深处所需的技术和设备。包括能在太空中拍摄海洋照片的卫星，以及无人驾驶的潜水器、探测仪和抓斗，这些设备能够到达人类无法企及的深度。人们在船上对观察仪器发来的信息进行检测和分析，这些船装备各种仪器，俨然是一个移动研究工作站。船舱里的船员控制着无人观测器，还担负着回收仪器、接应潜水员的责任。

声纳（声音导航和测距）技术于 1913 年投入使用。如今更多的设备，例如侧扫声纳和数字电脑技术，能帮助科学家们获取更加准确的声纳测绘图。

水下实验室

位于美国佛罗里达州附近海域20米下的"宝瓶座"是世上唯一的海底实验室。海面上起"生命补给"作用的浮标为实验室提供空气和电，这使得潜水员在潜水之后能返回"宝瓶座"，在特殊的入海门廊卸下他们的潜水装置。

卧室　　工作区和厨房　　过渡舱和厕所　　入海门廊

1 侧扫声纳
2 海底抓斗
3 远程操作间
4 地震探测器

高科技设备

　　侧扫声纳和地震探测器分别利用声纳和小规模爆破来识别海床的特征并描绘出三维地图；远程操作间收集数据和样本；海底抓斗从海底挖掘大块的物质。

海洋的赏赐

想 要在海洋中获得回报并不像在陆地上耕种那样容易，但也会是丰盛的回报。海洋向人们提供了鱼类和贝类，石油和天然气，盐和矿物质，海带和海草，这些东西我们每天生活中都在使用。海洋里还有金属、药用资源以及替代能源。

如果我们想在未来继续向海洋索取资源，就必须考虑所采用的技术对环境的影响，以及如何可持续地利用海洋资源。

盐类和矿物质

海水中富含盐类和其他矿物质。几乎90%的溶解性盐类都是氯化钠。其余的是镁、钾和钙盐。大多数的盐是从盐层里采掘并提取的。

商业渔场

世界上大多数商业渔场都处于大西洋和太平洋的温带沿海海域。现在许多种群的鱼都因过度捕捞而几近枯竭。

可持续能源

现在我们已经实现了利用海浪或潮汐发电。阿古卡多拉（Agucadoura）海浪能发电厂位于葡萄牙附近的大西洋上，它是世界上首个商用海浪能源项目。目前，法国的一座和加拿大的两座潮汐发电站都是潮汐能源技术的先行者。

海藻类产品

从海藻中提取的主要物质是琼脂。琼脂可作为食品等产品的稳定剂和增稠剂。琼脂主要提取自两种红藻。

牙膏

冰激凌

肥皂

海洋药品

研究显示，从有毒的鸡心螺中提取的化学物质能够生产强力的止痛药；蟾鱼的肌肉能够迅速收缩，这也许对心脏病治疗有所帮助；鲎（hòu）的血液可用于检测细菌含量。

鸡心螺

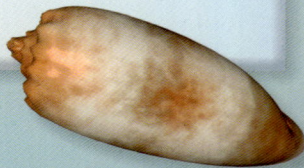

海下钻井

　　远古时代的植物和动物死亡后沉到了海洋底部，在高温高压的环境下，经过层层岩石挤压形成石油。每当找到一处石油富集的无孔岩石层后，人们就在上面搭建海上石油平台，钻取"黑金"。

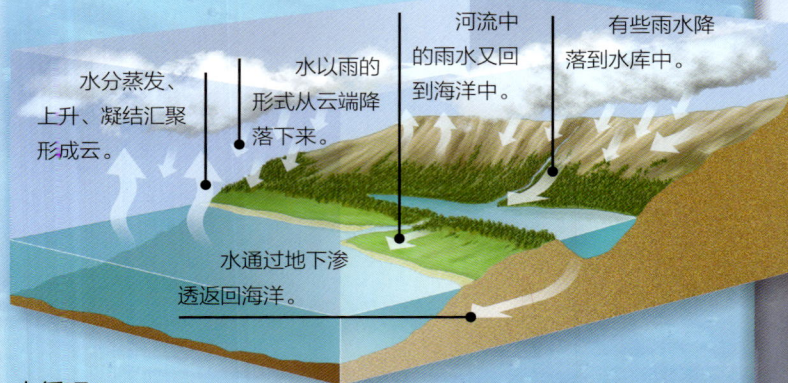

水分蒸发、上升、凝结汇聚形成云。

水以雨的形式从云端降落下来。

河流中的雨水又回到海洋中。

有些雨水降落到水库中。

水通过地下渗透返回海洋。

水循环

太阳照射使海洋中的水分蒸发，水蒸气上升，凝结汇聚形成了云。云将雨水释放，也就是降雨。雨水通过河流、径流或者地下渗流返回到海洋中。

海洋和气候

海洋对大气中的水分含量起着重要作用。海洋吸收太阳能，释放水蒸气，水蒸气凝结聚集形成降雨，继而雨水降落到海洋中，这就是水的循环。

海洋还吸收了大量空气中的二氧化碳。在较温暖的水域，蒸发量更大，因而更多的二氧化碳随着水蒸气进入到空气中。在较冷的水域，海洋对二氧化碳的吸收量大于排放量。因此，海水温度对减缓或加剧气候变化的影响起着关键作用。

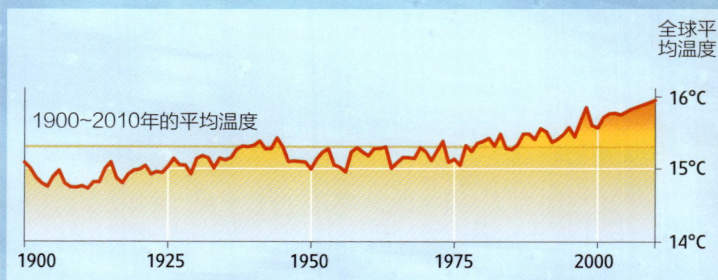

全球平均温度

1900~2010年的平均温度

16℃
15℃
14℃

1900　　1925　　1950　　1975　　2000

气候变化

1900年之后，年平均气温（红色线）已经有了明显的上升。另外，自19世纪70年代后期以来，年平均气温已经超过了整个时期的平均温度（黄色线）。

数据档案

　　冰川学家钻穿南极的冰盖，取出的冰芯样品显示了一年又一年的冰层和雪层。每一年的冰雪层都向人们提供了重要的科研数据。

你知道吗?

　　冰山会崩塌吗？是的。当一座冰山从冰架上崩裂开来，漂流到海洋中，这一过程就叫做"崩塌"。

海洋面临的威胁

不管是有意还是无意，人类对海洋生物的威胁在与日俱增。我们对海洋的污染不单单是泄漏石油和倾倒垃圾，还包括我们排放的二氧化碳。过度捕捞也已导致有些鱼种濒临灭绝。

因为有些海洋是"跨国的"，所以保护海洋需要国际合作。通过密切合作，更严格地监测船舶的安全，限制某些形式的拖网捕鱼，处理污染，在海洋公园里建立保护区，这些都有利于海洋保护。

珊瑚变白

海洋温度的上升使得热带海域大面积的珊瑚变白，杀死了珊瑚虫里使珊瑚色彩斑斓的虫黄藻。没有了来自虫黄藻的竞争，其他藻类入侵了变白的珊瑚，改变了食物链。

石油泄漏

近海石油钻井平台和搁浅油轮造成的原油泄漏，对附近的生物来说是一场灾难。在清理泄漏石油的过程中，成千上万浸泡在石油中的鸟类、依靠氧气呼吸的动植物，以及鱼类和它们的卵都会死去。

商业捕鱼

重达250公斤的大西洋蓝鳍金枪鱼在海洋表层区域成群结队地游动。它们是商业渔船的主要猎捕目标。在过去的40年里，它们的种群数量减少了30%，现在这一物种已经濒临灭绝。

意外的捕获

许多海豚和鲨鱼被商业捕鱼船的渔网意外捕获而在网中溺死。这些非猎捕目标的海洋生物被称为副渔获物。

令动物窒息的垃圾

一片垃圾就能使一只海洋动物窒息。洋流和风造成了大片的垃圾漩涡，使得太平洋和大西洋的部分海域变得几乎无法栖息。

知识拓展

深渊带 (abyss)

海洋水平分层中最深的一层，位于无光带之下，源于希腊词汇，是"无底洞"的意思。

琼脂 (agar)

从红藻中提取出的一种胶状物质，这种物质可以作为食物等产品的增稠剂。

海藻 (algae)

一种可以在淡水和海水中生长的单细胞生物。它们属于植物，但是没有叶子和根。

端足目动物 (amphipod)

一种小型的甲壳类生物，例如虾。它们有一个扁平的身体和两种附属肢。

底栖的 (benthic)

描述了在海底发现的植物或者动物，反义词是"海面的"。

生物多样性 (biodiversity)

意思是在一个栖息地包含多种多样的动植物，由生物和多样性这两个词结合而成。

生物发光 (bioluminescent)

鱼、昆虫、细菌和真菌通过某种特殊器官产生可见光。

副渔获物 (bycatch)

是指在利用渔网捕鱼时获得的非目标海洋生物。海豚和鼠海豚（一种小型齿鲸）是常见的副渔获物。

珊瑚虫 (coral polyp)

一种柔软而中空的珊瑚动物，顶端有一个开口，开口上端周围有触手，有些会生长坚硬的外骨骼并最终构成大型珊瑚礁。

科氏力效应（科里奥利效应）(Coriolis effect)

地球自转对风或者洋流产生的作用，在北半球，风会向右偏转，在南半球向左偏转。

洋流 (current)

在不同温度的海域间流动的大量海水，暖流从赤道流向两侧，寒流从从两极流向低纬度。

河口 (estuaries)

河流流向海洋的入海口地区，在这里淡水和咸水混合。

环流 (gyre)

由一定数量的旋转的洋流形成的五大环状流系之一，经常会和大风相伴。

深海热泉 (hydrothermal vent)

在海底的一个裂缝，经常和火山地带相连。在这里高温的水从地壳中喷涌出来。

潮间带 (intertidal zone)

在高潮和低潮之间的海岸地区，潮汐经常在潮间带的低洼处形成潮水坑。

大型褐藻 (kelp)

巨大的拥有坚韧的叶子的褐色海藻，一些物种形成了大型的海底森林。

磷虾 (krill)

一种小型的形似虾的甲壳动物，会成群存在。通常是海洋生物如乌贼、企鹅、海豹、鲸的食物。

红树林 (mangrove)

常年在热带浅滩咸水或泥中生长的树木或者灌木。因为它们扎根在水中，红树林有气根从大气中吸收氧气。

无光带 (midnight zone)

位于微光带以下的深海层，黑暗且没有阳光。

软体动物 (mollusk)

没有脊骨的身体柔软的动物，经缩在壳中。帽贝、牡蛎、贻贝、乌贼都是软体动物。

小潮 (neap tide)

潮汐的一种，其波峰和波谷之间的潮差较小，通常发生在太阳和月球夹角呈 90° 时。

过度捕捞 (overfish)

由于捕捉的鱼类数量庞大，种群不能繁殖出新的小鱼来取代它们。

浮游植物 (phytoplankton)

通过光合作用生产食物的微型植物，它们处于海洋食物链的最低端。

浮游生物 (plankton)

在海洋中漂流的微型的海洋动物、藻类和细菌。

族群 (population)

同一物种的一群动物交配，在同一时间生活在同一地区，并且共同迁徙。

盐床 (salt bed)

一层盐层，通常有数百英尺厚，并覆盖了一片广大的区域。是古时大片海域退去后隔离了部分海水，水分蒸发后形成的。

地震勘测 (seismic surveying)

利用强的低频率声波探测海底的一种方法。

声纳 (sonar)

声音导航和测距的简称，这项技术通过在水中发射声波，并基于接收到回声的时间长短来测量不同物体的距离。

潮下带 (subtidal zone)

即便在低潮时也总是被海水覆盖的海岸区域。

透光带 (sunlight zone)

海洋表面下能被阳光穿透的顶层区域，一般深度达 200 米。

叶状体 (thallus)

不含有独立的茎、根和叶的植物躯体。藻类，包括褐藻，都有叶状体。

潮汐能 (tidal power)

通过涨潮落潮获取能量的一种方法。潮汐和洋流带动水下涡轮机的叶片转动来发电。

垃圾漩涡 (trash vortex)

大型涡流中心有大面积的漂流垃圾。垃圾被洋流带到中心，被困住，于是留在那里。

微光带 (twilight zone)

海面以下 200~900 米的水平层，只有部分阳光能够到达。

波浪发电厂 (wave farm)

通过液压从海浪运动中获得能量，并以此进行发电的一组巨大的圆柱形机械。

浮游动物 (zooplankton)

属于浮游生物，包括鱼类的幼体和甲壳类动物等小型动物。浮游动物以浮游植物为食物。

虫黄藻 (zooxanthellae)

很小的单细胞藻类，生活在珊瑚组织中，它们为珊瑚提供了亮丽的颜色。

探索·科学百科™

Discovery
EDUCATION™

世界科普百科类图文书领域最高专业技术质量的代表作

小学《科学》课拓展阅读辅助教材

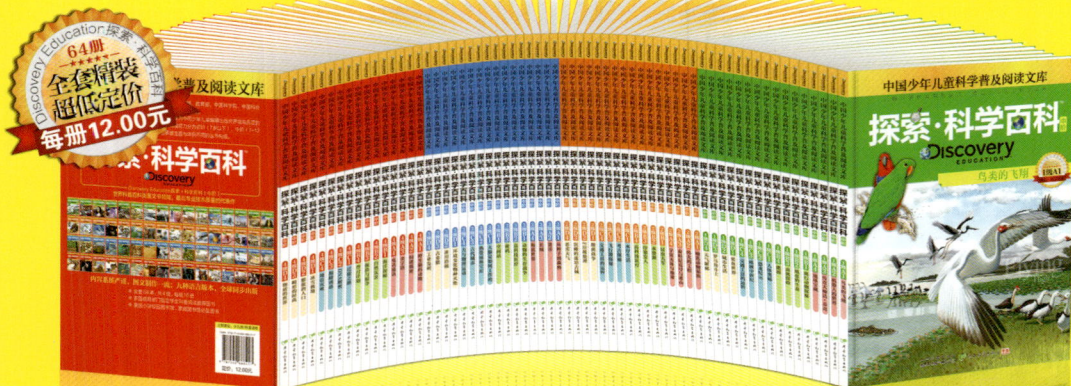

64册
全套精装
超低定价
每册12.00元

Discovery Education探索·科学百科（中阶）丛书，是7~12岁小读者适读的科普百科图文类图书，分为4级，每级16册，共64册。内容涵盖自然科学、社会科学、科学技术、人文历史等主题门类，每册为一个独立的内容主题。

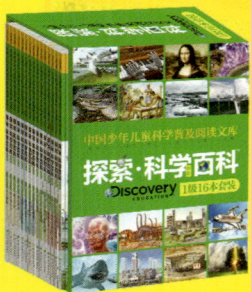

Discovery Education
探索·科学百科（中阶）
1级套装（16册）
定价：192.00元

Discovery Education
探索·科学百科（中阶）
2级套装（16册）
定价：192.00元

Discovery Education
探索·科学百科（中阶）
3级套装（16册）
定价：192.00元

Discovery Education
探索·科学百科（中阶）
4级套装（16册）
定价：192.00元

Discovery Education
探索·科学百科（中阶）
1级分级分卷套装（4册）（共4卷）
每卷套装定价：48.00元

Discovery Education
探索·科学百科（中阶）
2级分级分卷套装（4册）（共4卷）
每卷套装定价：48.00元

Discovery Education
探索·科学百科（中阶）
3级分级分卷套装（4册）（共4卷）
每卷套装定价：48.00元

Discovery Education
探索·科学百科（中阶）
4级分级分卷套装（4册）（共4卷）
每卷套装定价：48.00元